THIS BOOK BELONGS TO:

X	1	5	6	4	2	8	7	3	9	12	11	10
12												
2												
3												
10												
5												
6												
9												
8												
7												
4												
11												
1												